《我当建筑工人》丛书

漫话我当建筑木工

本社 编

中国建筑工业出版社

图书在版编目(CIP)数据

漫话我当建筑木工/本社编.—北京:中国建筑工业出版社,2010
《我当建筑工人》丛书
ISBN 978-7-112-11696-6

Ⅰ.漫… Ⅱ.本… Ⅲ.建筑工程－木工－普及读物 Ⅳ.TU759.1-49

中国版本图书馆CIP数据核字(2009)第242894号

《我当建筑工人》丛书

漫话我当建筑木工

本社 编

*

中国建筑工业出版社出版、发行(北京西郊百万庄)
各地新华书店、建筑书店经销
北京云浩印刷有限责任公司印刷

*

开本:787×1092毫米 1/32 印张:3⅜ 字数:88千字
2010年5月第一版 2010年5月第一次印刷
定价:10.00元
ISBN 978-7-112-11696-6
(18946)

版权所有 翻印必究
如有印装质量问题,可寄本社退换

(邮政编码 100037)

内 容 提 要

漫话《我当建筑工人》丛书,是专门为培训农民工编写绘制,是一套用漫画的形式解说建筑施工技术的基础知识和技能的图书;是一套以图为主、图文并茂的建筑施工技术图解式图书;是一套农民工学习建筑施工技术的入门图书;是一套通俗易懂,简明易学的口袋式图书。

农民工通过阅读丛书,努力学习并勤于实践,既可以由表及里,培养学习建筑施工技术的兴趣,又可以由浅入深,深入学习建筑技术和知识,熟练掌握相应工种的基本技能,成为一名合格的建筑技术工人。

《漫话我当建筑木工》介绍了建筑木工的基础知识和基本技法,农民工通过学习本书,了解建筑木工的安全须知,学会建筑木工的入门技术,掌握建筑木工的基本技能,为当好建筑木工奠定扎实的基础。

本书读者对象主要为初中文化水平的农民工,也可以供建筑技术的培训机构作为培训初级建筑木工的入门教材。

责任编辑:曲汝铎
责任设计:崔兰萍
责任校对:赵 颖 陈晶晶

编 者 的 话

经过几年策划、编写和绘制,终于将《我当建筑工人》这套小丛书奉献给读者。

一、编写的意义和目的

为贯彻党中央、国务院在《关于做好农业和农村工作的意见》中"各地和有关部门要加强对农民工的职业技能培训,提高农民工的素质和就业能力"明确要求;为配合住宅与城乡建设部的建设职业技能培训和鉴定的中心工作;为搞好建筑工人,尤其是农民工的培训,将千百万农民工培养成为合格的建筑工人。为此,我们在广泛调查研究的基础上,结合农民工的文化程度和工作生活的实际情况,征询了广大农民建筑工人的意见,了解到采用漫画图书的形式,讲解建筑初级工的知识和技法,比较适合农民工学习和阅读。故此,我们专门组织相关的人员编写和绘制这套漫画类的培训图书。

编写好本丛书目的,是使文化基础知识较少的农民工,通过自学和培训,学会建筑初级工的基本知识,掌握建筑初级工的基本技能,具备建筑初级工的基本素质。

提高以农民工为主体的建筑工人的职业素质,不仅是保证建筑产品质量、生产安全和行业发展问题,而且是一项具有全局性、战略性的工作。

二、编写的依据和内容

根据住房与城乡建设部《建设职工岗位培训初级工大纲》要求,本丛书以图为主,如同连环画一样,将大纲要求的内容,通过生动的图形表现出来。每个工种按初级工应知应会的要求,阐述了责任和义务,强调了安全注意事项,讲解了工种所必须掌握的基础知识和技能技法。让农民工人一看就懂，一看就明，一看就会，容易理解，易于掌握。

考虑到农民工的工作和生活条件，本丛书力求编成一套口袋式图书，既有趣味性和知识性，又有实用性和针对性；既要图文并茂、画面生动，又要动作准确、操作规范。农民工随身携带，在工作期间、休息之余，能插空阅读，边看边学，学会就用。

第一次编写完成的图书有《漫话我当抹灰工》、《漫话我当油漆工》、《漫话我当建筑木工》、《漫话我当混凝土工》、《漫话我当砌筑工》、《漫话我当架子工》、《漫话我当建筑电工》、《漫话我当钢筋工》和《漫话我当水暖工》。其他工种将根据农民工的需要另行编写。

三、编写的原则和方法

首先，从实际出发，要符合大多数农民工的实际情况。第五次全国人口普查资料显示，农村劳动力的平均受教育年限为7.33年，相当于初中一年级的文化程度。因此，我们把读者对象的文化要求定位为初中文化水平。

其次，突出重点，把握大纲的要求和精髓。抓住重点，做到画龙点睛、提纲挈领，使者在最短的时间内，以不高的文化水准，就能理解初级工的技术要求。

第三，尽量采用简明通俗的语言，解释建筑施工的专业词汇，尽量避免使用晦涩难懂的技术术语。

最后，投入相当多的人力、物力和财力编写和绘制，对初级工的要求和应知应会，通过不多的文字和百余幅图，尽可能简明、清晰地表述。

1．在大量调研的基础上，了解农民工的文化水平，了解农民工的学习要求，了解农民工的经济能力和阅读习惯，然后聘请将理论和实践相结合的专家，聘请与农民工朝夕相处，息息相关的技术人员编写图书的文字脚本。

2．聘请职业技术能手，根据脚本来完成实际操作，将分解动作拍摄成照片，作为绘画参考。

3．图画的制作人员依据文字和照片，完成图画，再请脚本撰写者和职业技术能手审稿，反复修改，最终完成定稿。

四、编写的方法和尺度

目前，职业技术培训存在着教学内容、考核大纲、测试考题与现实生产情况不完全适应的问题，而职业技术培训的教材多是学校老师所编写。由于客观条件和主观意识所限，这些教材大多类同于普通的中等教育教材，文字太多，图画太少。对农民工这一读者群体针对性不强，使平均只有初中一年级文化程度的农民工很难看懂，不适合他们学习使用。因此，我们在编写此书时，注意了如下要点：

1．本丛书表述的内容，注重基础知识和技法，而并非最新技术和最新工艺。本丛书培训的对象是入门级的初级工，讲解传统工艺和基本做法，让他们掌握基础知识和技法，达到入门的要求，再逐步学习新技术和新工艺。

2．本丛书编写中注意与实际结合，例如，现代建筑木工的工作，主要是支护模板，而非传统的木工操作，但考虑到全国各地区的技术和生产差异较大，使农民工既能了解模板支护方面的知识和技能，又能掌握传统木工的知识和做法。故此，本丛书保留了木工的基础知识和技法。另如，《漫话我当架子工》中，考虑到全国各地的经济不平衡性和地区使用材料的差异，仍然保留了竹木脚手架的搭设技法和知识。

3．由于经济发展和技术发展的进度不同，发达地区和欠发达地区在技术、材料和机具的使用方面有很大的差异，考虑到经济的基础条件，考虑到基础知识的讲解，本丛书仍保留技术性能比较简单的机具和工具，而并非全是新技术和新机具。

五、最后的话

用漫画的形式表现建筑施工技术的内容是一种尝试，用漫画来具体表现操作技法，难度较大。一般说，建筑技术人员没有经过长期和专业的美术培训，难于用漫画准确地表现技术内容和操作动作；而美术人员对建筑技术生疏，尽管依据文字和图片画出的图稿，也很难准确地表达技术操作的要点。所以，要将美术表现和建筑技术有机地结合起来，圆满、准确地表达技术内容，难度更大。为此，建筑技术人员与绘画人员经过反复磨合和磋商，力图将图中操作人员的手指、劳动的姿态、运动的方向和力的表现尺度，尽量用图画准确表现，为此他们付出了辛勤的劳动。

尽管如此，由于本丛书是一种新的尝试，缺少经验可以借鉴。同时，限于作者的水平和条件，本书所表现的技术内容和操作技法还不很完善，也可能存在一些的瑕疵，故恳请读者，特别是农民工朋友给予批评和指正，以便在本丛书再版时，予以补充和修正。

本丛书在编写过程中得到山东省新建集团公司、河北省第四建筑工程公司、河北省第二建筑工程公司，以及诸多专家、技术人员和农民工朋友的支持和帮助，在此，一并表示衷心的感谢。

《我当建筑工人》丛书编写人员名单

主　　编：曲汝铎
编写人员：史日景　　王英顺　　高任清　　耿贺明
　　　　　周　滨　　王彦彬　　侯永忠　　张永芳
　　　　　陆晓瑛　　蔡平伯　　吕剑波　　史大林

漫画创作：风采怡然漫画工作室
艺术总监：王　峰
漫画绘制：王　峰　张永欣　　姚　星　　公　元
版式设计：王文静

目 录

一、概述 ··· 1

二、安全生产和文明施工 ································ 3

三、常用木工手工工具操作 ····························· 14

四、常用木工机械 ······································ 30

五、榫的制作 ··· 34

六、门窗及木制品工程 ································· 44

七、模板工程的制作和安装 ··························· 53

一、概 述

1. 什么是建筑木工

在建筑工地上从事木屋架、门窗、模板、顶棚、吊顶制作及安装（包括新材料）的施工人员。

2. 建筑木工在施工现场的主要职责

混凝土浇筑前，木工必须把模板制作安装好，否则混凝土无法浇筑，模板制作、安装的优劣，直接影响工程质量。因此，建筑木工非常重要，责任重大。

3.怎样当好建筑木工

要想当好一名木工,必须勤学、多看、苦练,认真学习木工的理论知识,看懂简单的施工图(平面图、立面图、剖面图),熟知常用计算公式(三角形、梯形、圆形、圆柱形),在干活时多看老师傅怎样干活,多向他们学习、求教。他们多年的劳动,积累了丰富的经验和技巧,非常实用,干活时要认真负责,不能偷懒,不能马虎凑合,不懂多问,在实践中总结,逐渐积累经验。

二、安全生产和文明施工

1.安全施工的基本要求

(1) 进入施工现场禁止穿背心、短裤、拖鞋,要穿胶底鞋或绝缘鞋,必须戴好安全帽。

(2) 现场操作前,必须检查安全防护设施是否齐备,是否达到安全生产的需要。

（3）高空作业不准向上或向下乱抛材料、工具等物品，防止架子上、高梯上的材料、工具等物品落下伤人，地面堆放管材防止滚动伤人。

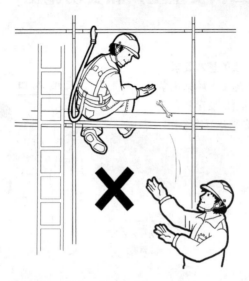

（4）交叉作业时，应特别注意安全。

（5）施工现场应按规定地点动火作业，应设专人看管火源，并设置消防器材。

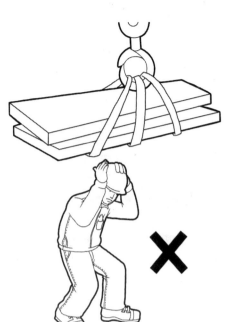

（6）各种机械设备要有安全防护装置，要按操作规程操作，应对机械设备经常检查保养。

（7）吊装区域禁止非操作人员进入，吊装设备必须完好，严禁吊臂、吊装物下站人。

（8）夜间在暗沟、槽、井内施工作业时，应有足够照明设备和通气孔口，行灯照明要有防护罩，应用36V以下安全电压，金属容器内的照明电压应为12V。

2. 生产工人的安全责任

(1) 认真学习,严格执行安全技术操作规程,自觉遵守安全生产各项规章制度。

(2) 积极参加安全教育,认真执行安全交底,不违章作业,服从安全人员指导。

（3）发扬团结互助精神，互相提醒、互相监督，安全操作，对新工人传授安全生产知识，维护安全设备和防护用具，正确使用。

（4）发生伤亡和未遂事故，要保护好现场，立刻上报。

3．安全事故易发点

（1）雷电,下雨施工现场易发生淹溺、坍塌、坠落、雷电触电等,酷热天气露天作业易发生中暑,室内或金属容器内作业,易造成昏晕和休克。

（2）工程竣工收尾阶段易发生事故,高空作业易发生坠落,深坑作业易发生坍塌事故,夜间施工,后半夜比前半夜易发生事故。

（3）节假日，探亲假前后思想波动大，易发生事故，小工程和修补工程易发生事故。

（4）新工人安全技术意识淡薄，好奇心强，往往忽视安全生产，易发生事故。

4.文明施工

（1）施工现场要保持清洁，材料堆放整齐有序，无积水，要及时清运建筑和生活垃圾。

（2）施工现场严禁随地大小便，施工区、生活区划分明确。

（3）生活区内无积水，宿舍内外整洁、干净、通风良好，不许乱扔乱倒杂物和垃圾。

（4）施工现场厕所要有专人负责清扫并设有灭蚊、灭蝇、灭蛆措施，粪池必须加盖。

（5）严格遵守各项管理制度，杜绝野蛮施工，爱护公物，及时回收零散材料。

（6）夜间施工严格控制噪声，作到不扰民，挖管沟作业时，尽量不影响交通。

5．建筑木工安全须知

（1）作业前，检查安全防护措施是否齐备有效，机械设备运转是否正常。

（2）使用电锯操作时，身体不应站在与锯片同一直线上，不许把手伸进安全挡板里侧，严禁戴手套操作。

正确的操作方式　　　　　　　　错误的操作方式

（3）使用电刨刨木料时,厚度小于30mm,长度短于400mm时,要用压板推进。厚度小于15mm,长度短于250mm的木料,不许在平刨机上加工。

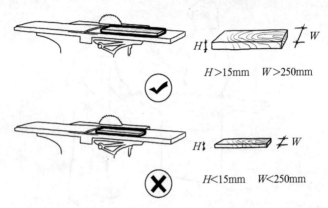

（4）锯片、刀具必须磨锋利,安装正确、牢固,锯片不许有连续缺齿和裂纹。

（5）清理刨花、碎木料时必须断电,停机。不许在操作地点吸烟和用火。

（6）机械设备、电气要有专人负责，使用完毕后切断电源。

（7）高空作业要戴好安全带，工具、配件放置工具袋内，不许随意搁置。

三、常用木工手工工具操作

1. 画线工具

(1) 木工铅笔:木工画线用的铅笔。

木工铅笔示意图

(2) 勒线器:定好尺寸勒线,不用铅笔画线。

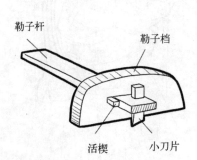

勒线器示意图

(3) 墨斗：弹较长直线用。

墨斗示意图

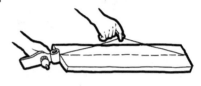

弹线示意图

2. 常用量具的使用方法及用途

(1) 钢卷尺、木折尺：量尺寸用，使用时要拉直。

钢卷尺示意图

木折尺示意图

(2) 角尺：可以画垂直线、平行线，检查表面直、平，卡方用。

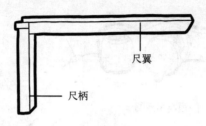

角尺示意图

画平行线示意图

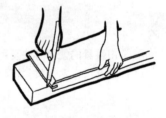

画垂直线示意图

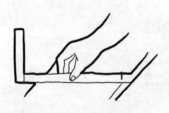

检查平直示意图

卡方示意图

(3) 三角尺：画45°斜线和垂直线用。

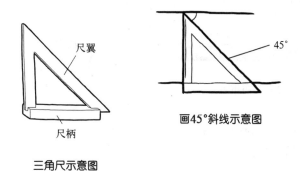

三角尺示意图

画45°斜线示意图

(4) 活三角尺：画任何角度斜线，检查斜面用。

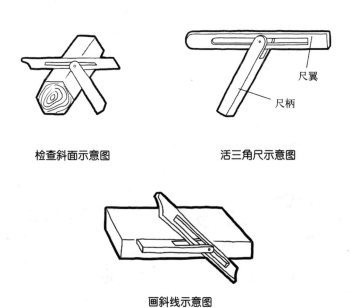

检查斜面示意图

活三角尺示意图

画斜线示意图

(5) 水平尺：检查物体垂直和水平面用。

水平尺示意图

(6) 线坠：主要用于检验、校验物体是否垂直。

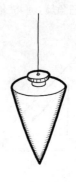

线坠示意图

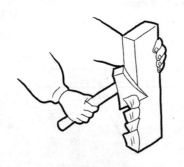

砍木料示意图

3. 斧子种类及用途

斧子必须磨锋利，砍木料时要顺木纹方向砍木材。

(1) 双刃斧：斧刃在中间，可向左、向右砍，用于支模板、砍木桩用。

(2) 单刃斧：斧刃在一侧，只能向一面砍，用于制作家具用。

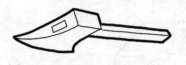

双刃斧示意图

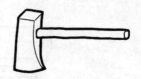

单刃斧示意图

4.锯的种类、用途及维修

（1）木框锯分：

1）粗锯：钢锯条长度为650~750mm，主要用于锯割较厚的木料，功效较快。

2）中锯：钢锯条长度为550~600mm，主要用于锯割薄木料或开榫头。

3）细锯：钢锯条长度为450~500mm，主要用于细木工及榫头、拉肩。

4）绕锯：又名曲线锯，锯条较窄，钢锯条长度为600~700mm，主要用于锯割圆弧或曲线。

木框锯示意图

（2）锯割方式：

1）顺锯：顺木纹方向锯割，锯料路应为左中右三料路。

顺向锯割示意图

顺锯料路示意图

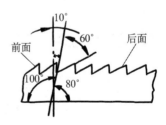

顺割锯锯齿斜度示意图

2）横锯：横向锯割木材，锯料路应为左、右两料路。

横向锯割示意图

横锯料路示意图

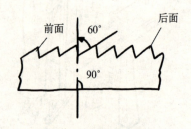

横割锯锯齿斜度示意图

锯内圆示意图

锯外圆示意图

(3)手锯,又叫板锯:主要用来锯割宽木板用。

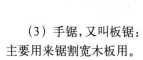

手锯示意图

(4)钢丝锯:用于木板上锯内、外圆弧和曲线用。

钢丝锯示意图

（5）侧锯，又叫割槽锯：专门用于开榫槽和在宽阔的木料上开槽。

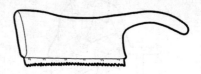

侧锯示意图

（6）开孔锯：在木板上锯方孔、圆孔用。

开孔锯示意图

（7）拨料器：校正锯齿、料路所用工具，拨料时左右要均匀。

拨料器示意图

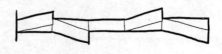

锯料度（路度）示意图

(8) 锉锯的方法：用三角锉锉木框锯，用刀锉锉木板锯。锉锯时，锉刀要拿平，用力要均匀，向前推。

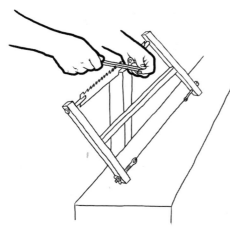

锉木框锯示意图

三角锉示意图

刀锉示意图

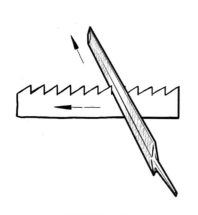

锉手板锯示意图

5.刨子种类和用途

(1) 平面刨：由刨身、刨柄、刨刃、盖铁、刨楔等组成。

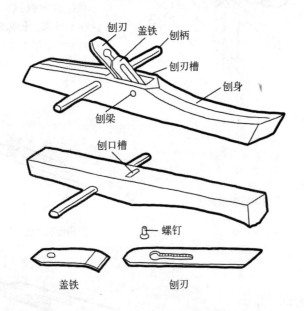

平面刨组成示意图

平面刨分：
1) 粗刨：长度约260mm，用于刨去毛槎、锯纹。
2) 中刨：长度约400mm，把木料刨到规定的尺寸，基本平滑。
3) 光刨：长度约150mm，将木料表面刨得光滑平整。
4) 长刨：长度约600mm，拼木板对缝用。

（2）槽刨：木料上挖槽用的工具。

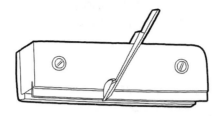

槽刨示意图

（3）线刨：专为成品棱角处刨美观线的专用工具。

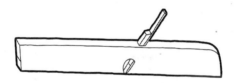

线刨示意图

（4）裁口刨：裁门口、窗口等的专用工具。

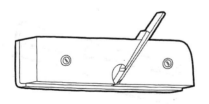

裁口刨示意图

（5）滚刨：刨弯曲木材的专用工具。

1）平滚刨：用于刨削工作件的外圆弧。

2）圆滚刨：用于刨削工作件的内圆弧。

3）双重滚刨：刨底带有两个圆面，可以同时刨出工作件上的两个圆弧。

滚刨示意图

6.凿子种类和用途

（1）宽刃凿：宽18mm以上，凿宽眼用。

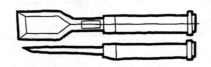

宽刃凿示意图

（2）窄刃凿：宽3~18mm，凿深眼及槽用。

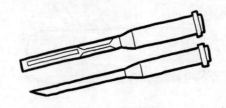

窄刃凿示意图

(3) 扁铲:宽12～30mm,铲削榫眼、肩、角、线用。

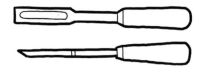

扁铲示意图

(4) 斜铲：宽5～30mm,倒角、雕刻用。

斜铲示意图

(5) 内圆凿:宽6～30mm,凿外圆，雕刻用。

内圆凿示意图

(6) 外圆凿:宽6～30mm,凿圆孔、槽、雕刻用。

外圆凿示意图

7.钻的种类和使用

(1) 手钻：握住手柄左右拧动，拧螺钉扎眼用。

手钻示意图

(2) 螺纹钻：钻头对准孔中心，左手握住钻把，右手上下移动钻套，保持钻的垂直，钻小眼用。

螺纹钻示意图

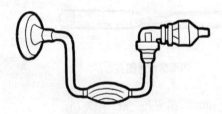

弓摇钻示意图

(3) 弓摇钻：可更换钻头，将钻头对准孔中心，左手握住顶木，右手顺时针摇动手柄，保持垂直，此钻有倒、顺开关，钻孔时更灵活。

（4）螺旋钻，俗称麻花钻：此钻多种规格，钻头对准孔中心，两手握住钻把，均匀用力向前拧，保持钻的水平、垂直。如钻斜孔，保持角度，不得摇晃。

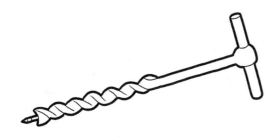

螺旋钻示意图

（5）手摇钻：可更换钻头，左手扶住钻把，右手摇动轮柄，保持钻的垂直或平衡，钻小眼用。

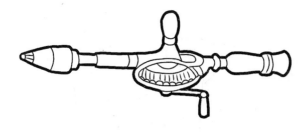

手摇钻示意图

四、常用木工机械

1. 圆锯机的构造

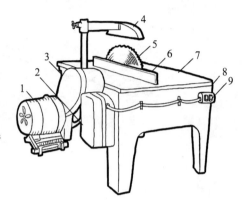

1—电机；2—开关盒；
3—皮带罩；4—防护罩；
5—锯片；6—锯比；
7—台面；8—机架；
9—双联开关

圆锯机示意图

2. 平刨机的构造

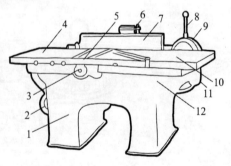

平刨机示意图

1—机座；2—电机；3—刀轴轴承座；4—台面；5—防护罩；6—导板支架；7—导板；
8—前台面调整手柄；9—刻度盘；10—工作台面；11—开关；12—偏心轴架防护

3. 手提曲线锯

有水平曲线锯和垂直曲线锯两种。

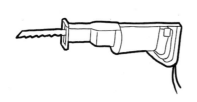
水平曲线锯示意图

垂直曲线锯示意图

4. 手提式电动圆锯的构造

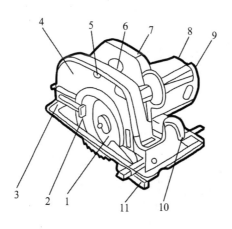

手提式电动圆锯示意图

1—锯片;2—安全防护;3—底架;4—锯片上罩;5—锯切深度调整装置;6—开关
7—接线盒;8—电机;9—手柄;10—锯切角度调整;11—锯比

5. 手提式木工电刨的构造

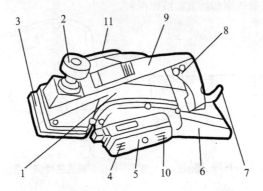

手提式木工电刨示意图

1—罩壳；2—调节螺母；3—前座板；4—主轴；5—皮带罩；6—后座板；7—接线盒；8—开关；9—手柄；10—电机；11—木屑出口

6. 木工微型电钻

有微型电钻和电动冲击钻两种。

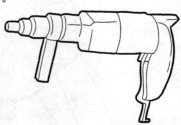

电动冲击钻示意图

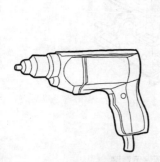

微型电钻示意图

7. 电动砂光机

可更换粗砂带和细砂带。

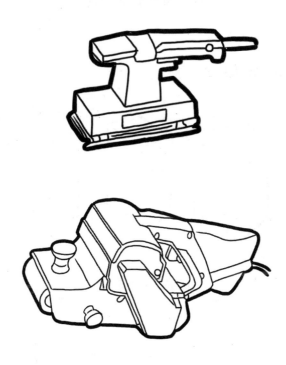

电动砂光机示意图

五、榫的制作

1. 榫的结合及用途

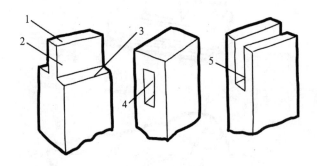

部位名称示意图
1—榫头;2—榫;3—榫肩;4—榫眼;5—榫槽

(1) 直榫:常用于门窗等制品,中间部位连接,最常用。

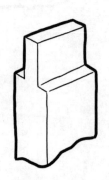

直榫示意图

(2)斜榫:很少用,连接如有斜度采用斜眼。
(3)燕尾榫:用于制作木箱子四角的连接。

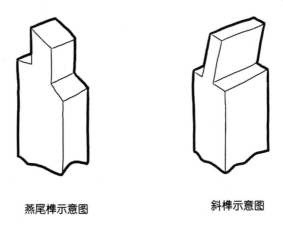

燕尾榫示意图　　　　　　　　斜榫示意图

(4)圆榫、短形榫:一般用于板式家具辅助连接。

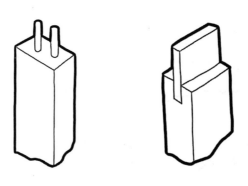

圆榫、短形榫示意图

(5) 开口榫、闭口榫、半闭口榫：用于外面再包一层三合板内骨架制品的连接。

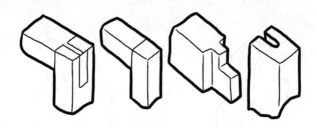

开口榫、闭口榫、半闭口榫示意图

(6) 明榫、暗榫：门窗等制品最上面和最下面部位的连接。

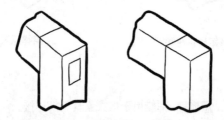

明榫、暗榫示意图

(7) 单榫、双榫、多榫：根据木板的宽度选用几个榫。

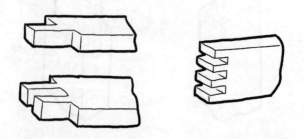

单榫、双榫、多榫示意图

2.框的结合

(1) 十字形结合:在两根木料结合部位上各切除一半扣压在一起。

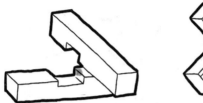

十字形结合示意图

(2) 丁字形结合:横木做半槽,立木做单肩榫,扣压在一起。
(3) 双肩形丁字结合:横木两边切槽,中间做榫,立木做榫槽插在一起。

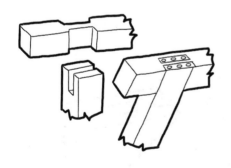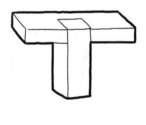

双肩形丁字结合示意图　　　　丁字形结合示意图

(4)燕尾榫丁字结合:横木切半燕尾槽,立木做单肩燕尾榫扣压在一起。

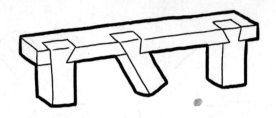

燕尾榫丁字结合示意图

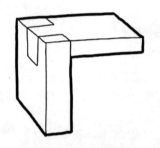

(5)直角榫结合:横木做双肩榫,立木榫槽,扣插在一起。

直角榫结合示意图

(6)两面斜角榫结合:横木作45°双肩榫,立木作45°榫槽扣插在一起。

 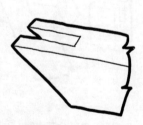

两面斜角榫结合示意图

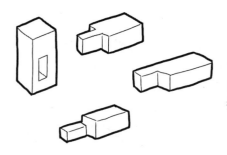

平纳接示意图

（7）平纳接：横木做单肩或双肩半榫，立木做榫眼插入在一起。

3.板的榫结合

（1）纳入接：立板切与横板厚度一样的槽将横板直接插入。

纳入接示意图

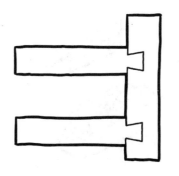

燕尾纳入接示意图

（2）燕尾纳入接：横板锯燕尾榫，立板切燕尾槽，将横板插入立板槽内。

（3）对开交接：两块板切除同样大的一上一下缺口，交接在一起。

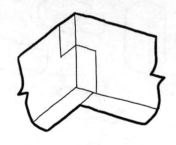

对开交接示意图

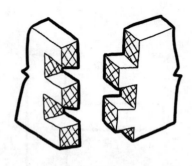

明燕尾榫交接示意图

（4）明燕尾榫交接：一块板锯燕尾槽，一块板锯燕尾榫，插压在一起。

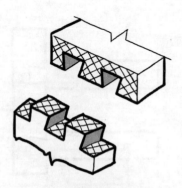

（5）暗燕尾榫交接：一块板切半燕尾槽，一块板锯燕尾榫，扣压在一起。

暗燕尾榫交接示意图

4.板面拼合方法

(1)胶粘法:板材胶合面必须刨直、刨平,板缝结合须严密,木纹需同方向。

胶粘法示意图

(2)槽口接法:板缝刨平、刨直后,一块板挖槽,一块做榫,槽深约10mm,榫小于10mm,宽度约板厚的1/3。

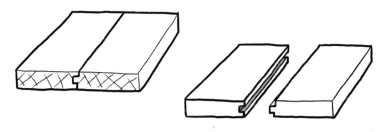

槽口接法示意图

(3)裁口接法:木板的两侧刨平、刨直后,左上右下裁口,深度为木板厚度的一半,相互搭接应严密。

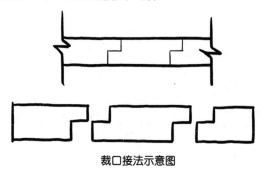

裁口接法示意图

(4)穿条接法：把两块木板接缝处刨平、刨直后，挖槽，深度约10mm，用木条插入槽中，使两块木板紧密连接在一起。

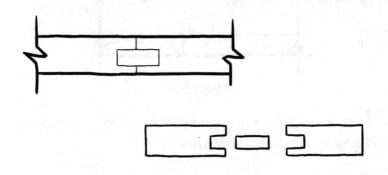

穿条接法示意图

(5)丁、榫接法：把木板接缝处刨平、刨直，板缝对严，钻孔栽钉或打眼栽榫，使板缝紧密结合。

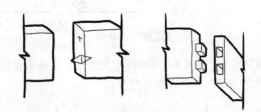

丁、榫接法示意图

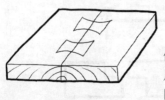

(6)销接法：把木板接缝处刨平、刨直，在接缝处挖燕尾槽，用硬木做燕尾拉销，压入槽内，使接缝紧密结合牢固。此方法用于厚板拼接。

销接法示意图

5.拼板缝的要点

(1) 木板要固定垂直,双手握住长刨,端平,不能晃动,用力要均匀,推刨时不能停顿。

(2) 木板接缝要严密、垂直,木纹方向一致,板缝对好后,在正面画上板接缝标记。

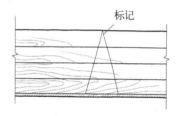

(3) 木板接缝刷胶要均匀,不许有漏刷胶的地方,厚板可以用铁卡子卡住。

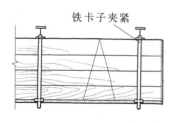

六、门窗及木制品工程

1. 木门的种类和构造

(1) 种类：开关门、弹簧门、推拉门、折叠门、转门、拼板门、玻璃门等。

(2) 构造：

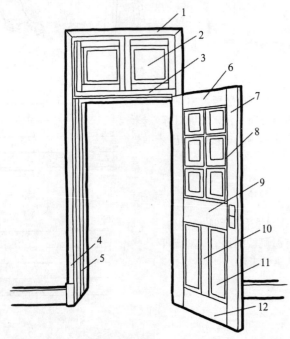

木门构造示意图

1—门樘冒头；2—亮子；3—中贯档；4—贴脸板；5—门樘边梃；6—上冒头；7—门梃；8—玻璃；9—中冒头；10—中梃；11—门心板；12—下冒头

2. 木门的结合

(1) 门框结合：在门框冒头上两头打眼，门框边梃上头锯榫（如门框有走头留 120mm）。

门框边梃与冒头结合示意。

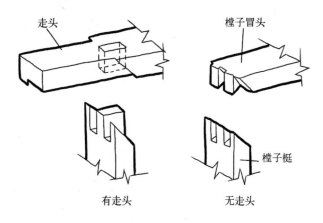

门框边梃与冒头结合示意图

(2) 门框边梃亮子位置打眼，中贯档两头锯榫，组装在一起。

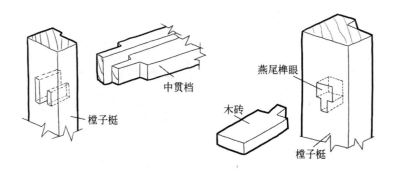

门框与中贯档结合示意图

(3)门扇结合：上冒头两头上面锯半榫，下面锯全榫，门梃打眼。

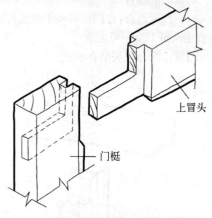

门梃与上冒头结合示意图

(4)中冒头两头上、下锯全榫，中间半榫，门梃上打和榫一模一样的眼。

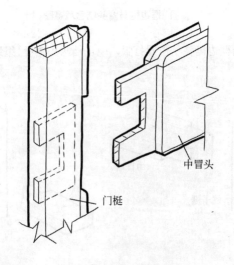

门梃与中冒头结合示意图

(5)下冒头两头锯两个全榫两个半榫,门梃上打和榫一模一样的眼,用槽刨在门梃、冒头上挖槽,把门心板装入槽内,留2mm的量。

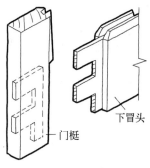

门梃与下冒头结合示意图

3.木窗的种类和构造

(1)木窗的种类:平开窗、固定窗、翻窗、推拉窗、百叶窗、玻璃窗、纱窗等。

(2)木窗的构造:

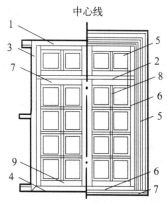

木窗构造示意图

1—窗档上冒头;2—中贯橙;3—窗档边梃;4—窗档下冒头;5—上亮子;6—窗梃;7—窗上冒头;8—窗棂;9—窗下冒头

4.木窗的结合

(1)窗樘结合:窗樘边梃打眼,窗档上冒头、下冒头、中贯樘两头锯榫,组装在一起。

(2)窗扇结合:窗梃打眼、裁口、倒角,上、下冒头,窗棂两头锯榫、裁口、倒角,然后组装在一起。

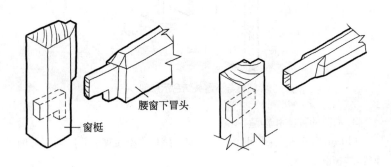

下冒头与窗梃结合示意图　　窗梃与窗棂结合示意图

5.木门窗的制作

(1)木门窗制作工艺顺序

下料—刨料—画线—打眼—开榫—裁口,起线—拉肩—拼装,光面,堆放。

(2)木门窗制作工艺要点:

1)下料:先下长料、大料,后下短料、小料,留出加工余量,木节子不要留在打眼、开榫的地方,以免断裂。

2)刨料:把木纹顺直、干净的木材面作正面,刨直、刨平、刨光,再刨一个侧面,刨直、刨平后用角尺卡方,必须成90°,画上符号,用勒线器勒出其他两个面,在刨出宽度、厚度,门窗框靠墙面和门窗扇安装面可以暂不刨光,安装时再刨光。

3）画线：线要画在正面，先画边梃打眼线，用角尺往两个侧面画，画上、中、下冒头时要留出裁口和起线的尺寸，再用角尺把其他三面线画好，用勒线器把榫、眼、起线、裁口线勒上，半眼勒一面。

4）打眼：全眼要两面打，先打背面，后打正面，按线打正，打直。

5）开榫：要用顺锯留半线锯榫两面锯，半榫长度要比打眼深度少2mm。

6）裁口、起线：用裁口刨刨裁口，深度宽度一致成直角，沿线刨起线，按线刨直、刨平。

7）拉肩：拉肩用细锯，锯直、锯正，注意别锯坏榫。

8）拼装：边梃放平、垫实，把榫头插入榫眼，轻轻敲击，依次敲入（门扇装门心板），再把另一根边梃敲入，校正，校平后钉入带胶木楔，钉结实。拼装完成，用光刨，把榫、眼结合不平的地方刨光。垫平、分类堆放。

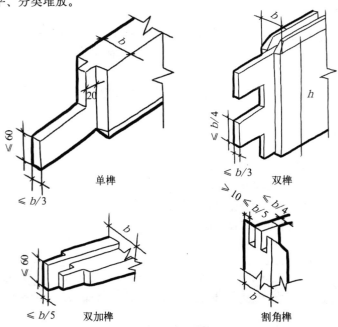

各种榫头尺寸示意图

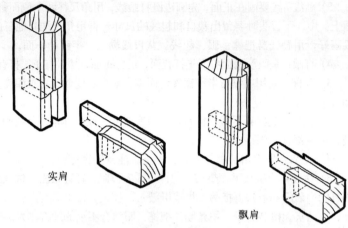

实肩

飘肩

榫肩做法示意图

6.木门窗的安装

(1) 门窗框安装：同一墙面门窗框标高要一致，框距离外墙面尺寸要一样，注意开关方向，校正门窗框正面、侧面垂直，上、下坎水平，用钉子把框钉在墙内木砖上。

(2) 门窗扇安装：把门窗扇高度、宽度修刨到与框内实际尺寸一样，留出开关缝。

(3) 门窗扇合页安装在扇高 1/8~1/10 的位置，用合页画线，在框、扇挖槽，深度和合页厚度一致。

(4) 门拉手、门锁安在距地面 1m 左右位置，窗拉手安在距地面 1.5m 的位置。插销安在扇的上下头位置。

7.木楼梯扶手的制作与安装

(1) 木扶手断面样式示意

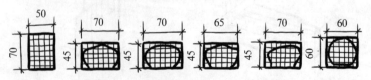

木扶手断面示意图

(2) 扶手制作：先把扶手底面刨平，按照支架方钢的宽度、厚度挖槽，画上中心线。

(3) 制作弯头：按照扶手拐弯处的角度制作弯头样板，再按照样板制作，弯头底面也要挖槽，然后把上弯头、横段、下弯头用暗榫或指型榫组装在一起。

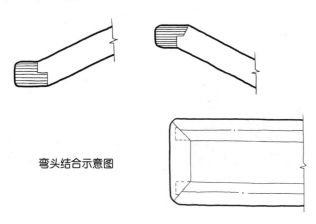

弯头结合示意图

(4) 安装：先把扶手拐弯处弯头用螺钉固定在方钢上，再与直扶手连接，由下向上安装，扶手和栏杆方钢一定要固定牢固。

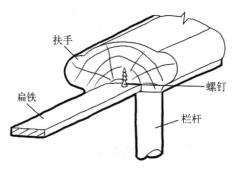

扶手固定示意图

8.塑料扶手的制作与安装

(1) 先制作扶手拐弯处弯头,采取45°直角胶粘或焊接,锯缝要垂直、严密。

(2) 从下往上安装,扶手断面垂直接缝,锯缝要严密,可采取胶粘或焊接,把扶手扣插在栏杆支架上,胶粘或焊接,固定牢固。

(3) 用锉刀和砂纸把接缝处打磨平整、光滑、干净。

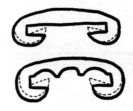 

塑料扶手的断面示意图

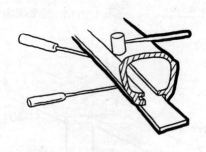

安装示意图

七、模板工程的制作和安装

1.钢模板的类型

(1) 平面钢模板长度有：450、600、750、900、1200、1500mm 等规格；宽度有100、150、200、250、300mm等规格。

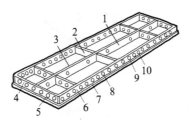

平面钢模板示意图

1—中纵肋；2—中横肋；3—面板；4—横肋；5—插销孔；6—纵肋；7—凸棱；8—凸鼓；9—U形卡；10—钉子孔

(2) 阳角模板：有50mm×50mm，100mm×100mm两种规格。

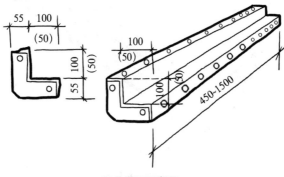

阳角模板示意图

（3）阴角模板：有100mm × 150mm、150mm × 150mm两种规格。

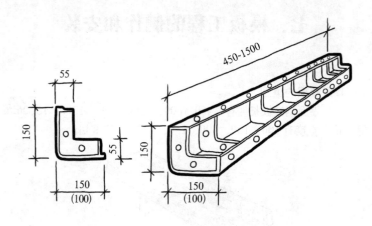

阴角模板示意图

（4）连接角模：有50mm × 50mm一种规格。

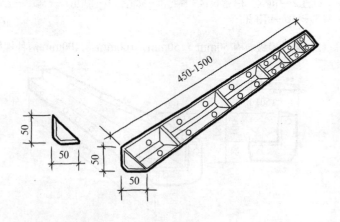

连接角模示意图

2.钢模板的连接件

(1) U形卡连接:拼接模板用,安装方向一顺一倒,距离不大于300mm。

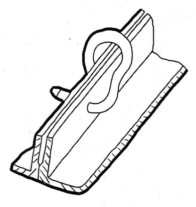

U形卡连接示意图

(2) L形插销连接:插入模板端部横肋,保证板面接头处平整。

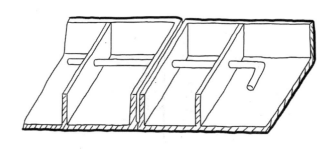

L形插销连接示意图

（3）钩头螺栓连接：加固模板与内外钢楞用，安装间距不大于600mm。

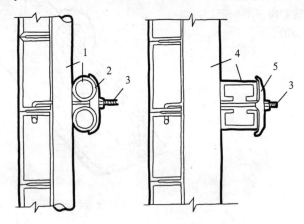

钩头螺栓连接示意图
1—圆钢管钢楞；2—3形扣件（又叫蝶形扣件）；3—钩头螺栓；
4—内卷边槽钢楞；5—蝶形扣件

（4）紧固螺栓连接：用于紧固内外钢楞。

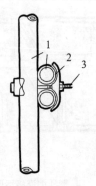

紧固螺栓连接示意图
1—圆钢管钢楞；2—3形扣件；3—紧固螺栓

(5) 对拉螺栓连接：用于墙壁两侧模板连接，固定两块模板之间的厚度。

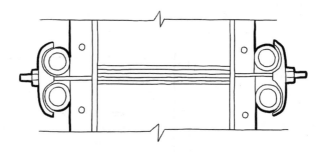

对拉螺栓连接示意图

(6) 扣件：用于钢楞与钢楞、钢楞与模板的扣紧。

3.钢模板的支撑件
(1) 钢楞种类：主要用于支撑、加强模板整体刚度。
(2) 柱箍种类：柱箍主要用于支撑、夹紧各种柱模的支撑件。

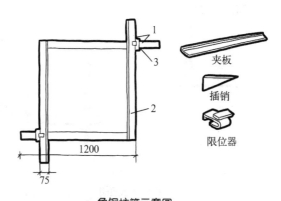

角钢柱箍示意图
1—插销；2—夹板；3—限位器

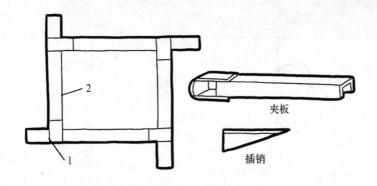

轧制槽钢柱箍示意图
1—插销；2—夹板

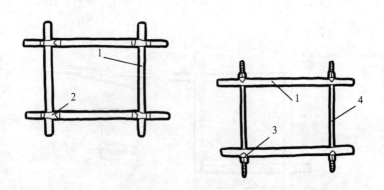

钢管柱箍示意图
1—钢管；2—直角扣件；3—方形扣件；4—对拉螺栓

(3) 梁托架（梁卡具）：是固定夹紧大梁，过梁钢模板的装置。

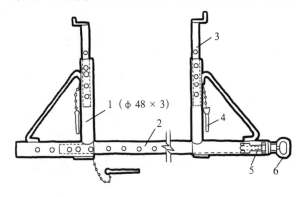

钢管形梁托架示意图

1—三脚架；2—底座；3—调节杆；4—插销；5—调节螺栓；6—钢筋环

适用于梁断面700mm×500mm以内的

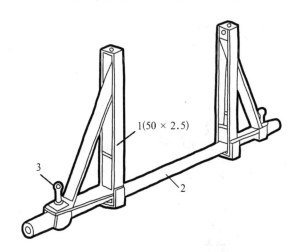

扁钢和圆钢管组合梁托架示意图

1—三脚架；2—底座；3—固定螺栓

适用于梁断面600mm×500mm以内的

（4）圈梁卡：用于圈梁、地基梁、过梁等方形梁钢模板的夹紧固定。

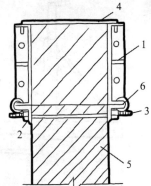

1—钢模板；2—连接角模；3—拉紧螺栓；
4—圈钢；5—砖墙；6—U形卡

圈梁卡示意图（一）

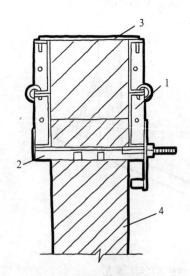

1—钢模板；2—梁卡具；
3—拉铁；4—砖墙

圈梁卡示意图（二）

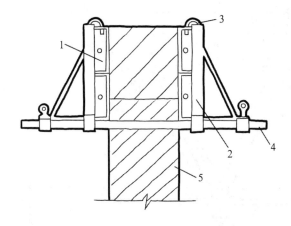

圈梁卡示意图（三）
1—钢模板；2—梁卡具；3—弯钩；4—圈钢管；5—砖墙

（5）钢支柱、钢管架：用于大梁、模板，水平模板的垂直支撑。

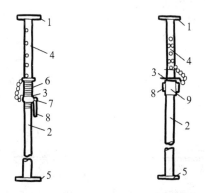

钢支柱示意图
1—顶板；2—套管；3—插销；4—插管；5—底座；
6—螺管；7—转盘；8—手柄；9—螺旋套

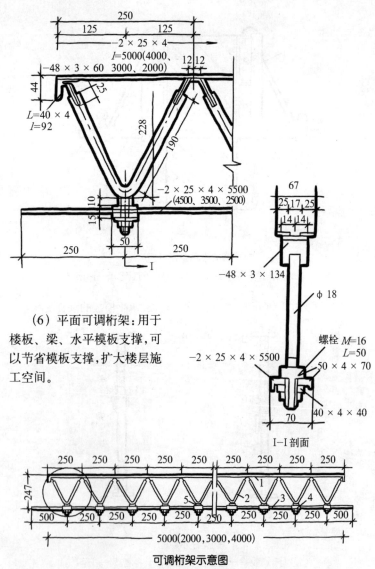

(6)平面可调桁架:用于楼板、梁、水平模板支撑,可以节省模板支撑,扩大楼层施工空间。

可调桁架示意图
1—内弦;2—腹筋;3—外弦;4—连接件;5—螺栓

4.组合钢模板的支模步骤

（1）按照施工组织设计，配置模板的层、段数量。
（2）根据施工现场情况，决定组装模板方法，采用钢支柱还是木支柱。
（3）根据配模层数，按图中梁柱尺寸组配模板。
（4）明确连接、支撑、固定的方法。
（5）计算选配加固件和支撑件。
（6）确定预埋件、管线、预留孔洞的固定和处理方法。
（7）画模板施工图，计算出所用材料清单。

5.条形基础独立基础的模板设计

（1）条形基础、独立基础的侧模板采用横向配模，模板高度可以高出浇筑厚度，在模板上弹出浇筑线，浇筑厚度用两块以上模板时，应用竖向钢楞连固。模板齐平接缝时，竖楞间距750mm，错开接缝时最大间距1200mm，可在基槽内设锚固桩支撑侧向模板。

（2）条形基础两侧横向配置模板，下端外侧用通长横楞连固，与垫层上锚固件楔紧，可用钢管竖楞，竖楞上端对拉固定。

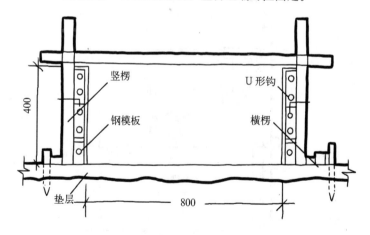

竖楞上端对拉固定示意图

阶梯形条形基础，先支下阶模板，待浇筑完成后，再支上阶模板，可采用斜撑固定。

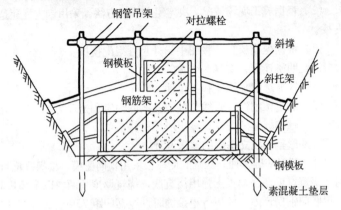

斜撑固定示意图

当下阶基础宽、厚时可设置对拉螺栓。

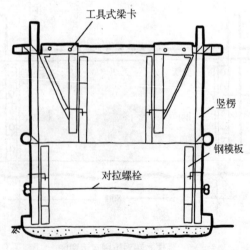

对拉螺栓固定示意图

（3）独立基础有带地梁、台阶式的，模板配置和条形基础基本一样，上阶模板放在下阶模板上，所以要把各阶模板位置固定牢固，以免浇筑时模板移动。

（4）柱的模板设计

按柱的高度及端面尺寸配置模板，统计所需配置数量。

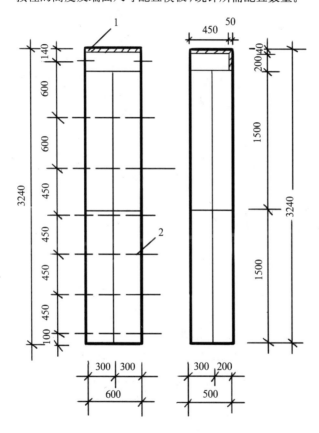

柱模配板示意图
1—镶拼木料；2—柱箍位置

(5) 梁的模板设计

1) 梁模板与柱、墙、楼板的模板交接，配板要沿梁的长度方向排，错开端缝，配板高度、长度根据与柱、墙、大梁的模板的基础上，用角模和不同规格的模板嵌补模板拼出梁口。

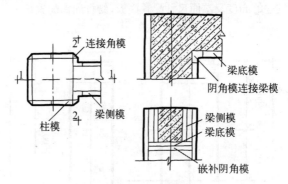

柱顶梁口采用嵌补模板示意图

2) 可以在梁口用木方相拼，梁口处的模板边肋不许与柱混凝土接触。在柱子合适高度设柱箍，用以放置梁模。

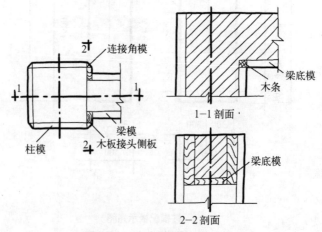

柱顶梁口用木方镶拼示意图

3)梁模板与楼板模板交接,可用阴角模板或木材拼接。

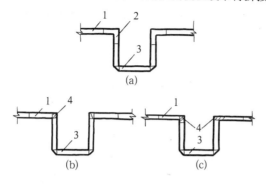

梁模板于楼模板交接示意图

(a)阴角模连接　(b)(c)木材拼镶

1—楼板模板;2—阴角模板;3—梁模板;4—木材

6.墙、柱模板找平

(1)放中心线和模板位置线,首先引测边柱或墙轴线,以此线引出各条线,根据施工图弹出模板中心线和模板内边线,墙模板要弹出内边线和外侧控制线。测量柱、墙模板标高。在钢筋上作好标记,用1:3水泥砂浆沿模板内边线找平。

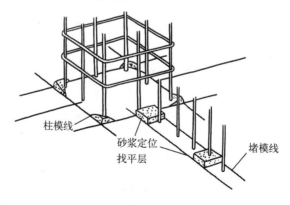

墙柱模板砂浆找平示意图

（2）外柱、外墙设支承垫条支撑模板，根据构件断面尺寸用同样长的钢筋点焊在预留短钢筋上作钢筋定位，或抹水泥砂浆定位块，也可以用塑料成品钢筋保护层垫块，把模板紧靠在定位块上。

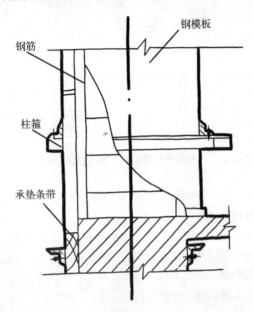

外柱外墙模板设置垫条带

7．模板支设安装要求

（1）支柱、斜撑下面要垫平、垫实，配件插装牢固，保证模板整体稳定。

（2）预留孔洞位置必须准确，预埋件固定牢固。

（3）支柱设置的水平支撑和斜支撑应保证构件整体稳定性。

（4）多层次支撑的支柱，应设置在同一竖向中心线上。

（5）同一接缝上U形卡方向应交错插入卡紧。

（6）墙模板的对拉孔要用电钻钻孔，应平直向对，螺栓不许斜拉硬顶。

8.基础模板的安装方法

条形基础:放线-组装模板-校准模板-浇筑混凝土-拆除模板。

(1)放线:校核基础四周定位桩—将轴线投测到垫层上—弹出基础中心线和模板边框线(基础下阶模板若以基坑土代替模板时,根据土质情况,土质较好时下阶不用支模,但开挖的基槽尺寸必须准确,直接浇筑,上阶条支吊模,土质不好,上下阶都要支模)。

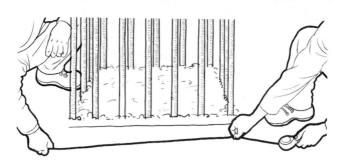

(2)下阶模板可在基础槽里按照基础边线拼装,用短木把模板支撑在基础槽壁上,当基础尺寸不符合钢模板模数时,可用窄木模板调整处理。

(3)上阶模板安装,在基础槽两边打入钢管锚固桩,搭钢管吊架,保持水平,找出基础中心,标记在水平杆上,按中心线安装,用钢管、扣件把模板固定在吊架上,当基础尺寸不符合钢板模数时,可用窄木模板调整处理。

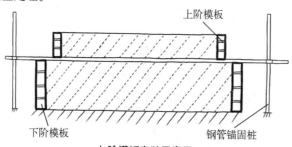

上阶模板安装示意图

(4)校准模板:对模板轴线(模板要对准边框线、模板上口拉通线)、标高(按水准测试标高校准)、断面尺寸(从中心线向两端量测)、垂直度(用线坠校准)、严密性、稳定性进行校准。

(5)浇筑混凝土:浇筑混凝土时应派专人看管模板,检查模板的支撑情况,防止上阶模板下沉及杯芯模向上浮起或向四周偏移。

(6)拆除模板:模板拆除时间应以不破坏混凝土表面和棱角为宜,不能猛撬、硬砸或大面积撬落。

9.柱组合钢模板的安装方法

组合钢模板的安装方法：放线－定位－组装模板－安装柱箍－校准柱模－设支撑或拉丝－浇筑混凝土—拆除模板。

（1）根据柱轴线弹出柱子边线（同一排柱应先弹出两端柱子边框线，然后拉通线，再画出中间柱子的边框线）。

（2）根据弹出的柱子边线，在预埋短插筋上焊接定位钢筋并放置钢筋保护层垫块。

（3）组装模板时，钢模以竖向使用错缝排列较好，当柱子尺寸不符合钢板模数时，可用窄木模板调整处理。当柱模高度大于3m时，应考虑在柱侧面留出混凝土浇筑口。

(4)安装柱箍：柱箍的间距一般为400~600mm（根据柱箍材料情况），柱模下部的柱箍间距应小一些，往上可逐渐加大；当柱子断面超过600mm时，还应增加模内串通螺杆。

安装柱箍示意图

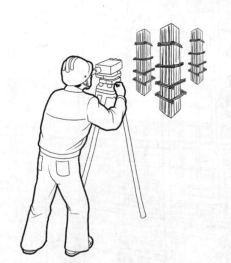

（5）校准模板：一般可用线坠对柱子垂直度检查，较高柱子应用经纬仪配合进行垂直度检查；同一列柱还应对柱模边框进行轴线位移检查。

经纬仪校正示意图

（6）设支撑：校准后柱模上部应及时设支撑，成排柱可设置排架相连接。支撑可用钢筋拉杆和花篮螺栓，也可用钢管系上扣件固定，与地锚连接应成45°角。

(7)浇筑混凝土：浇筑混凝土时应派专人看管模板，检查模板的支撑情况，防止爆模。

(8)模板拆除：梁和柱若是分两次支设，最上一块柱模保留不拆除，以便能和梁模板连接；模板拆除时间应以不破坏混凝土表面和棱角为宜，不能猛撬、硬砸或大面积撬落。

1）单块就位拼装：把柱子四面模板就位连接，角模要高出平模，调整好对角线，用柱箍固定，以角模高出部分为基础，用同样方法拼装第二节，竖向、水平接头用U形卡正反交替连接，达到一定高度时，安装支撑或用缆风固定，并用支撑或缆风的松紧螺栓调整柱模的垂直度。

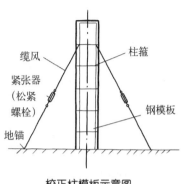

校正柱模板示意图

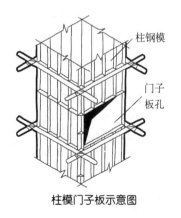

柱模门子板示意图

2）单片预组拼装：按柱子尺寸预先组成四面模板，然后一面一面吊装，用U形卡交错连接，安装支撑，检查安装位置、垂直度、对角线，确认正确后，从下往上面安装柱箍，安装完成后固定牢靠。

3）整体预组拼装：把柱模组成整体后进行一次吊装，就位，调整，固定。

10.竹、木胶合多层板模板的安装方法

放线—定位—组装模板—安装柱箍—校准柱模—设支撑或拉丝—浇筑混凝土—拆除模板。

(1) 根据柱轴线弹出柱子边线（同一排柱应先弹出两端柱子边框线，然后拉通线，再画出中间柱子的边框线）。

放线示意图

(2) 根据弹出的柱子边线，在预埋短插筋上焊接定位钢筋并放置钢筋保护层垫块。

(3) 根据柱断面设计尺寸，裁割模板，将裁割好的模板铺钉在50mm×100mm木方上，木方子净间距不宜大于100mm。为了节约木材，可采用钢木结合的方法，即木方子净间距200mm，在两木方子之间加一φ50钢管。柱模板边角处，木方子和多层板都要做楔口，模板拼缝粘5mm厚密封条，防止跑浆。对于断面较大的柱子（短边大于500mm），除用钢管扣件做柱箍外，还应在柱模外侧加双向的对拉螺杆柱箍（间距600mm），防止柱子胀模。当柱子断面任一单边大于或等于800mm时，还应在柱中加一道对拉穿柱螺杆（竖向间距600mm）。当柱子断面任一边大于或等于1200mm时，还应在该边柱加两道对拉穿柱螺杆（竖向间距600mm）。垂直度校正后用钢管和周围架体固定好。

当柱模高度大于3m时，应考虑在柱侧面留出混凝土浇筑口。

柱模安装：将加工好的模板按柱尺寸拼装，多层板可以先在地面预拼装，然后机械吊装就位，也可在柱子四周现场拼装，然后人工就位。

(4) 安装柱箍：柱箍的间距一般为400～600mm（根据柱箍材料情况），柱模下部的柱箍间距应小一些，往上可逐渐加大；当柱子断面600mm时，还应增加模内串通螺杆。

(5) 校准模板：一般可用线坠检查柱子垂直度，较高柱子应用经纬仪配合垂直度检查；同一列柱还应对柱模边框作轴线位移检查。

(6) 设支撑：校准后柱模上部应及时设支撑，成排柱可设置排架相连接。支撑可用钢筋拉杆和花篮螺栓，也可用钢管系上扣件固定，与地锚连接应成45°角。

拉地锚加固示意图

(7) 浇筑混凝土：浇筑混凝土时应派专人看管模板，检查模板的支撑情况，防止爆模。

(8) 模板拆除：梁和柱若是分两次支设，最上一块柱模保留不拆除，以便能和梁模板连接；模板拆除时间应以不破坏混凝土表面和棱角为宜，不能猛撬、硬砸或大面积撬落。

11. 梁模板的安装方法

组合钢模板的安装方法：安装支撑模板支柱—组装模板—就位、设支撑—调整模板—浇筑混凝土—拆除模板。

(1) 安装支撑模板支柱：先安装钢支柱，支柱下面垫脚手板，支柱间距按模板设计间距，用水平拉杆连接固定支柱，调整支柱模楞高度。

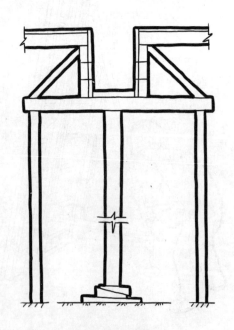

梁模板的安装示意图

(2) 梁模板单块就位拼装：检测梁底横楞高度，跨度大于4m的梁按0.2%～0.3%起拱，用钩头螺栓把梁底板与横楞固定，连接角模，绑扎钢筋，安装固定两侧模板，梁口要平直，有楼板模板时，在梁上连接阴角模与楼梯模板拼接。

(3) 可把梁底模和侧模分成几块预先拼装后在现场组装，也有整根梁的底、侧模组装后，用吊车安装就位的；梁高600mm以上时，在侧模方向内拉串通螺杆固定，并增加斜撑，间距一般为900～1100mm。

现浇梁模板构造图

(4) 安装完成后,检测梁的位置(拉中线检查梁中心位置)、标高、断面尺寸是否符合设计规定。

(5) 浇筑混凝土:浇筑混凝土时应派专人看管模板,检查模板的支撑情况,防止爆模。

(6) 梁模板和顶板模板若是分两次支设,最上一块梁模保留不拆除,以便能和顶板模板连接;模板拆除时间应以不破坏混凝土表面和棱角为宜,不能猛撬、硬砸或大面积撬落。

12. 竹、木胶合多层板模板的安装方法

安装支撑模板支柱—组装模板—就位、设支撑—调整模板—浇筑混凝土—拆除模板。

(1) 安装支撑模板支柱:先安装钢支柱,支柱下面垫脚手板,防止立杆下沉或荷载集中。支柱间距按模板设计间距,梁支承杆间距横距不大于1.2m,纵距不大于1.5m,用水平拉杆连接固定支柱,调整支柱模楞高度。

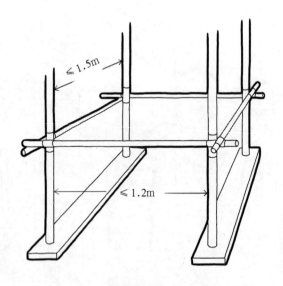

模板支承架体图

（2）采用多层板，下料高度等于梁高减去混凝土板厚。梁侧模和梁底模连接处要留楔口，并粘胶条。安装梁底模，并按0.2%~0.3%起拱。当梁高大于800mm，定型木模中部加一道对拉螺杆（间距600mm），梁底小横杆间距不大于600mm。

（3）梁底模安装时，先在木模下顺梁方向平放50mm×100mm木方子，间距250mm，木方子接头互相错开，然后在木方子上钉木模板，两侧木方子与木模板边缘齐，拉通线找直，铺设完毕后，调整底模就位，并用扣件锁住。梁筋绑扎完毕后，开始封梁侧模，侧模下部靠在底模两侧，与底模下木方子或木模钉在一起，将底模与侧模封严（角缝可加密封条），避免梁底角漏浆产生蜂窝或麻面。

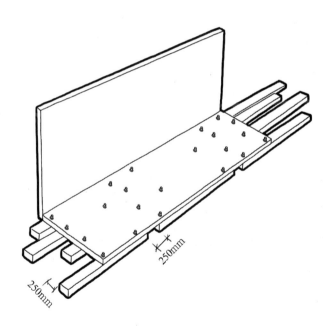

梁底板安装示意图

（4）梁模加固：梁高不大于1m的梁侧模木肋采用水平放置，这样可以减少木材浪费；梁高大于1m的梁侧模木肋可以采用水平放置，也可以采用垂直放置，可以根据周转工具的长短灵活选择。对于梁高不大于800mm的梁，可以采用不加对拉螺栓加固，用短脚手管垂直锁住梁侧模底部，上部用脚手管顶住，梁高大于800mm的梁,应用脚手管和对拉螺栓加固，脚手管与木肋垂直。

（5）装完成后，检测梁的位置（拉中线检查梁中心位置）、标高、断面尺寸是否符合设计规定。

（6）浇筑混凝土：浇筑混凝土时应派专人看管模板，检查模板的支撑情况，防止爆模。

（7）模板拆除时间应以不破坏混凝土表面和棱角为宜，不能猛撬、硬砸或大面积撬落。

13.楼板组合钢模板的组成

由立柱、内外钢楞、钢模板组成。

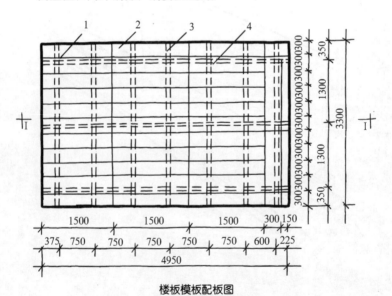

楼板模板配板图

1—钢管支柱位置；2—钢模板；3—内钢楞；4—外钢楞

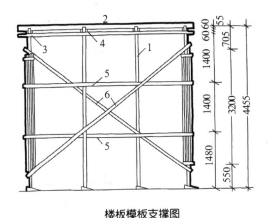

楼板模板支撑图

1—钢管支柱；2—钢模板；3—内钢楞；4—外钢楞；5—水平撑；6—斜撑

14.组合钢模板顶板的安装

（1）立支柱的地面应夯实，垫通长脚手板，支柱要立垂直，上下层支柱要立在同一竖向中心线位置。

（2）按照施工图，从一侧开始一排一排地安装支柱和背楞，间距按设计要求。

（3）调节支柱高度，找平背楞，拉线，起拱。

（4）以梁、墙作支撑时，要先支好梁、墙模板，按设计规定把吊架支在梁侧模型钢或方木上固定，再铺模板。

（5）梁、柱已施工完成，板下有作业空间，为节省支撑材料，可采用吊挂支模。

（6）单块模板就位组拼，要从每个节间四周用阴角模板与墙、梁模板连接后，向中心铺设，相邻模板用U形卡或钩头螺栓与钢楞连接。

（7）预组拼模板吊装前，检查模板尺寸、对角线、预埋件、预留孔洞位置，安装就位后，用角模与梁、墙模板连接。

（8）模板铺完后，检测模板标高，校正找平，支柱之间安装横拉杆，离地面20～30mm处拉一根，往上间距为1.6m左右拉一根。

15.竹、木胶合多层板楼板模板的安装方法

(1) 立支柱:支柱要立垂直,下垫通长脚手板,上下层支柱要立在同一竖向中心线位置,支柱之间安装横拉杆,扫地杆拉在离地面20~30mm处,往上间距为1.6m左右一根。

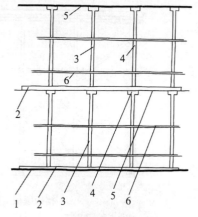

模板支柱示意图

1—地面;2—脚手板;3—立柱;
4—钢楞;5—楼板;6—拉杆

(2) 支梁模和柱头模板。

1) 调节支柱高度,找平背楞,拉线,起拱。

2) 根据建筑平面尺寸裁割、铺设顶板模板。

3) 检查模板尺寸、标高、对角线、预埋件、预留孔洞位置。

16.墙的模板构造组成及设计

墙的模板是由钢模板、内钢楞、外钢楞、扣件、钢管套、对拉螺栓、支撑组成,钢模板的尺寸是定型的,当钢模板尺寸不够时,可在侧边和上端拼接木板。

(1)根据墙面尺寸,可采用横排或竖排,算出所用模板块数和拼接木模尺寸。

(2)计算混凝土最大侧压力,确定内、外钢楞,对拉螺栓的规格型号。

(3)统计所用模板、钢楞、对拉螺栓规格型号、数量,绘制施工图。

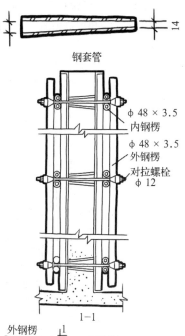

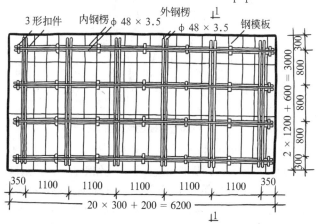

墙模板组成示意图

17. 墙的组合钢模板安装

分单块安装和预拼组装两种方法,按施工图安装。

(1) 根据轴线弹出模板里、外皮边线和门窗洞口的位置线。

(2) 测量水平线,确定模板下皮标高,用水泥砂浆找平。

(3) 安装门窗洞模板,位置要准确、牢固。

安装墙体模板示意图

(4) 安装墙面模板就位后,安装拉杆、斜撑、对拉螺栓和套管。

(5) 单块模板安装,从墙角模开始,互相垂直向两边组拼。两侧面模板一块组拼,安完第一步钢楞后,可安装对拉螺栓和套管。

(6) 安装预组拼模板就位、校正后,马上安装各种连接件。

(7) 安装较大墙面时,需要分成几块预拼模板,要在接缝两边增加横、竖附加钢楞。

（8）上下层墙模板接槎处理。单块组拼可在下层模板上端安一排穿墙螺栓，该层模板不拆，当做上层模板的支撑，采用预组拼模板可在下层混凝土上设置水平螺栓，紧固通长角钢，做上层模板的支撑。

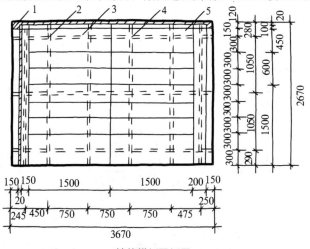

墙体模板配板图

1——拼木；2——对拉螺栓；3——外钢楞；4——内钢楞；5——钢模板

18.楼梯模板构造

双跑式楼梯由楼梯段、梯基段、平台梁、平台板等组成。

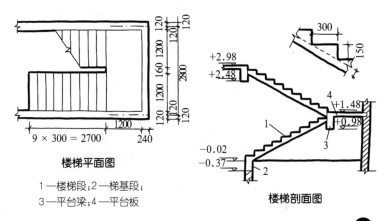

楼梯平面图

1——楼梯段；2——梯基段；
3——平台梁；4——平台板

楼梯剖面图

楼梯段模板由：底板、搁栅、牵杠、牵杠撑、侧板、踏步侧板和三角木组成。

楼梯模若采用木模，木模由底模、搁栅、牵杠、牵杠撑、踏步侧板、外帮板等组成。

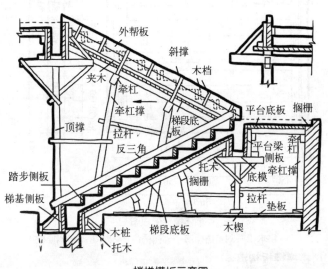

楼梯模板示意图

19. 放大样方法配制楼梯模板

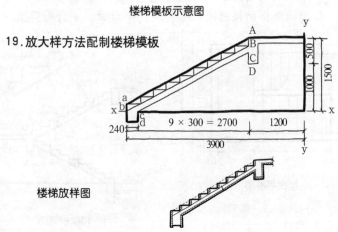

楼梯放样图

(1) 在水泥平地上,画出水平基线,一端画垂直线,根据楼梯尺寸画出梯基梁。

(2) 从楼梯首级角部到末级角部画线,根据踏步高度、楼梯厚度、平行画线,按照踏步尺寸,画出踏步垂直、水平线。

(3) 根据模板厚度画出楼梯底模、侧模板边线,画出栏杆、牵杠、牵杠撑等位置线。

(4) 按照大样制作梯段三角、正三角牵杠等样板。

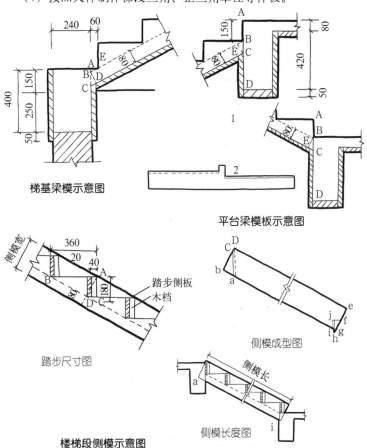

梯基梁模示意图

平台梁模板示意图

踏步尺寸图

侧模成型图

楼梯段侧模示意图

侧模长度图

20.组合模板安装要求

(1)必须按照施工图组装模板。

(2)必须安装牢固连接件、加固件,支撑件,预留孔洞、预埋件位置要准确,固定牢靠,模板接缝严密。

(3)预制构件模板、现浇结构模板、预埋件预留孔洞允许偏差应符合下表。

组合模板预留孔洞允许偏差表

项 目		允许偏差(mm)
轴线位置		5
底模上表面标高		±5
截面内部尺寸	基础	±10
	柱、墙、梁	+4 −5
层高垂直度	全高≤5m	6
	全高>5m	8
相邻两板表面高低差		2
表面平整(2m长度上)		5
预埋钢板中心线位置		3
预留管、预留孔中心线位置		3
预埋螺栓	中心线位置	2
	外露长度	+10 0
预留洞	中心线位置	10
	截面内部尺寸	+10 0

21.钢模板安装应注意的问题

（1）梁、板模板

搁栅、支柱截面尺寸、间距支撑系统要符合设计要求。防止梁、底板不平下垂。梁侧模板变形、上下口胀模。

（2）柱模板

1）柱箍自身截面尺寸、间距、大断面柱使用的穿柱螺栓、竖向钢楞要符合设计要求，保证强度、刚度，防止胀模和断面尺寸不准。

2）支模前校正柱筋保证垂直，柱模安装垂直，安装斜撑拉锚，防止柱身扭向。

3）成排柱子支模前，要弹出柱中心线和柱边线，再弹出另一方向中心线和边线，先支两端柱模，拉线校正，再支中间柱模，安装拉杆和斜撑，防止柱模位移。

（3）墙模板

1）钢楞尺寸、间距、对拉螺栓间距、墙模板的支撑、模板强度、刚度符合设计要求，防止墙壁薄厚不一、平整度差。

2）模板底部用水泥砂浆找平，用木板等密封，模板接缝要严密，防止模板接缝跑浆、墙体烂根。

3）门窗模板与墙模板要固定牢固，门窗模板内支撑要符合强度、刚度要求，防止门窗洞口混凝土变形。

22.钢模板的拆除

（1）拆模板时，施工人员要站在安全地方，采取安全措施，严禁把模板往下扔。

（2）在保证混凝土表面、楞角不被损坏时，从上到下，先拆非承重，后拆承重的原则。

拆卸模板示意图

(3) 单块组拼模板先拆钢楞、柱箍、对拉螺栓、支撑件等,再从上到下拆除。

(4) 单块组拼墙模先拆穿墙螺栓、钢楞、连接件后,再从上到下拆除。

(5) 预组拼柱模先拆钢楞、柱箍、对拉螺栓等,把吊钩挂好,把支撑拆了,才能吊装。

(6) 预组拼墙模把吊钩挂好,把连接件全部拆掉后才能吊起墙模。

(7) 梁、楼板模板先拆侧面模板,再拆底部模板。

(8) 该段模板全部拆除后,把模板、配件、支柱运出,清理、维修、涂刷隔离剂,码放整齐。

清理钢模板示意图

23.大模板施工

(1)大模板是一种定型的大型模板,主要功能是用来浇筑混凝土墙体和楼体。

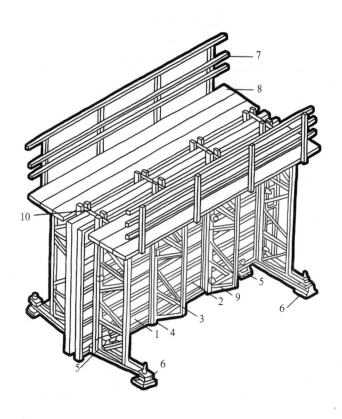

大模板组成构造示意图

1—面板;2—水平加劲肋;3—支撑桁架;4—竖楞;5—调整水平度的千斤顶;6—调整垂直度的千斤顶;7—栏杆;8—脚手板;9—穿墙螺栓;10—固定卡具

1) 穿墙螺栓：主要功能是加强模板刚度，控制模板间距，承受侧压力。

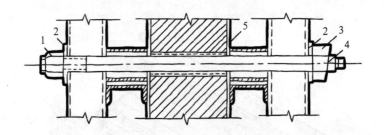

穿墙螺栓连接构造示意图

1—螺母；2—垫板；3—板销；4—螺杆；5—套管

2) 铁卡：主要功能也是控制墙壁厚度承受部分混凝土侧压力。

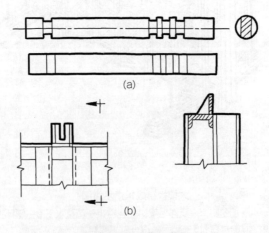

铁卡和铁卡支座示意图

(a)—铁卡；(b)—铁卡支座

（2）大模板的布置方案

平模：特点是横墙与纵墙两次浇筑混凝土，先支横墙模板，拆模后再支纵墙模板。

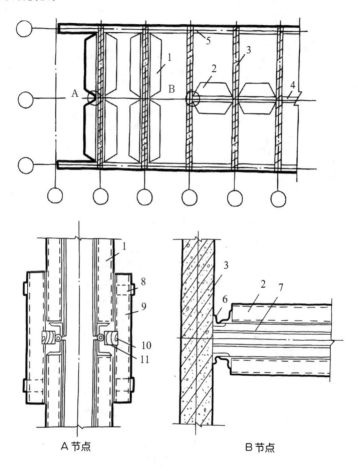

平模平面布置示意图

1—横墙平模；2—纵墙平模；3—横墙；4—纵墙；5—预制外墙板；6—补缝角模；7—拉结钢筋；8—加板支架；9—加板；10—木楔；11—钢管

(3)小角模是纵、横墙相交处连接的一种模板。

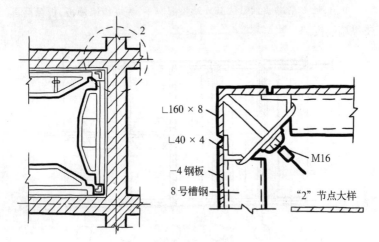

小角模支模示意图

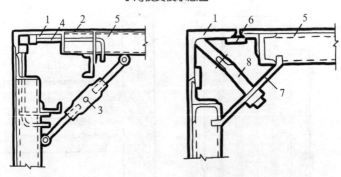

(a) 带合页小角模　　　　(b) 不带合页小角模

小角模构造示意图

1—小角模;2—合页;3—花篮螺栓;4—转动铁拐;5—平模;
6—方钢;7—压板;8—转动拉杆

不带合页小角模——用途是竖、横墙一起浇筑,竖、横交接处所用的一种模板。

(4)大角模:主要用于纵、横墙体同时浇筑,整体性好。

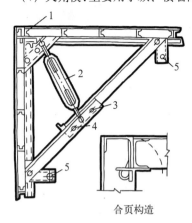

1—合页;2—花篮螺栓;
3—固定销子;4—活动销子;
5—调整用螺旋千斤顶

大角模构造示意图

(5)筒子模:把房屋三面现浇模板悬挂在钢架上,同时浇筑混凝土,结构整体性好。

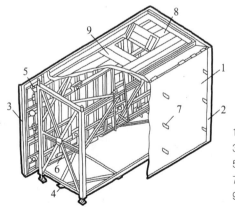

1—模板;2—内角模;
3—外角模;4—钢架;
5—挂轴;6—支杆;
7—穿墙螺栓;8—操作平台;
9—出入口

筒子模示意图